AF332030

# MÉMOIRE

SUR

## Le Siége du Goût

### CHEZ L'HOMME,

*Par MM. Guyot et Admyrauld.*

## Paris,

**IMPRIMERIE DE DECOURCHANT,**

RUE D'ERFURTH, N° 1, PRÈS DE L'ABBAYE.

1830

# MÉMOIRE

## SUR

# LE SIÉGE DU GOUT

## Chez l'Homme.

La plupart des physiologistes n'ont rien dit de précis sur le siége du goût, plusieurs même ont émis à cet égard des opinions contradictoires : les uns l'ont exclusivement placé dans la langue, d'autres n'ont fait jouer à cet organe qu'un rôle tout-à-fait secondaire; d'autres enfin, et c'est le plus grand nombre, ont regardé comme participant à cette fonction les lèvres, la face interne des joues, la voûte palatine, le voile du palais, et enfin l'arrière-bouche. Il est vrai qu'un savant moderne s'est plus que les autres approché de la vérité; mais ce qu'il a dit à cet égard est trop peu précis pour que l'opinion qu'il énonce puisse être à l'abri de toute contestation. D'après cela, nous avons pensé que des expériences propres à fixer les idées sur ce sujet pourraient offrir quelque intérêt.

Le sens du goût n'étant pas de nature à causer des impressions qui se traduisent au dehors avec énergie chez les animaux, on ne saurait tirer de conclusion rigoureuse que des épreuves faites sur ses propres organes. En effet, les expériences que l'on a tentées sur les animaux n'ont donné jusqu'ici aucun résultat satisfaisant : celles que nous proposons sont à la fois d'une exécution simple et facile, et susceptibles d'une grande précision.

L'extrême mobilité de la langue, la rapidité avec laquelle la salive imprégnée des saveurs pénètre dans toutes les parties de la bouche, rendent nécessaire l'isolement complet des divers organes contenus dans cette cavité, quand on veut déterminer la part que chacun d'eux prend à la sensation.

1<sup>re</sup> *Épreuve.* — Si l'on engage l'extrémité antérieure de la langue dans un sac de parchemin très-souple et ramolli, de manière à la recouvrir complètement, il sera possible alors d'introduire entre les lèvres, d'écraser et d'agiter entre elles une petite quantité de conserves ou de gelées très-sapides, sans qu'on puisse percevoir d'autre sensation que celles de consistance et de température. Il en sera exactement de même si l'on promène ces substances à la partie antérieure de la face externe des joues et de la voûte palatine; pourvu que ni ces substances, ni la salive imprégnée de leurs sucs ne puissent arriver à la langue. Nous avons varié cette expérience en employant l'acide hydrochlorique affaibli et l'eau sucrée, sans qu'il nous ait été possible, non-seulement de les distinguer, mais encore de leur attribuer aucune saveur.

2<sup>e</sup> *Epreuve.* —Si l'on écarte la joue de l'arcade alvéolaire, et qu'on la recouvre intérieurement d'une gelée acide ou sucrée, la sensation de saveur est

tout-à-fait nulle dans toute son étendue, en pre-
nant pour la salive et pour la langue les précau-
tions indiquées.

On peut varier cette expérience en mettant entre les joues et les arcades alvéolaires serrées un
corps soluble, comme du sucre, du chlorure de
sodium, ou un peu d'extrait d'aloès : la sensation
ne se manifeste pas, même lorsqu'ils sont tombés
en déliquium; elle devient au contraire très-vive
lorsqu'on permet à la salive de s'épancher sur les
bords de la langue.

3ᵉ *Epreuve*. — La langue recouverte comme
dans le premier cas, seulement dans une plus
grande étendue, au moyen d'un prolongement qui
descend jusqu'à l'épiglotte, si l'on avale plusieurs
substances pulpeuses d'une saveur très-prononcée,
et que dans le mouvement de déglutition on ait
soin de les mettre successivement en contact avec
tous les points de la voûte palatine et du voile du
palais, on observe que la saveur se manifeste vers
la partie postérieure seulement.

4ᵉ *Epreuve*. — Si l'on recouvre dans toute son
étendue la voûte palatine d'une feuille de parchemin, un corps sapide placé sur la langue et avalé,
n'en produit pas moins sur cette dernière une vive
impression.

5ᵉ *Epreuve*.—Un fragment d'extrait d'aloès fixé
à l'extrémité d'un stylet, et porté sur tous les
points de la voûte palatine et du voile du palais,
donne les résultats suivans :

Dans toute l'étendue de la voûte palatine, à ses
bords comme à son centre, nulle autre impression

que celle du tact. Il en est exactement de même pour la luette, les piliers du voile du palais, et la plus grande partie de cet organe.

Seulement à la partie antérieure, moyenne et supérieure de cet organe, une ligne au-dessous de son point d'insertion à la voûte palatine, existe une petite surface sans limites précises, ne descendant point jusqu'à la base de la luette, dont elle est distante de trois ou quatre lignes, mais se prolongeant et se perdant insensiblement sur les côtés : cette surface perçoit les saveurs d'une manière très-marquée.

Le même instrument porté dans l'arrière-bouche nous a démontré que la partie postérieure du voile du palais et la muqueuse du pharynx ne prenaient aucune part au sens du goût.

Si donc nous exceptons le point que nous venons d'indiquer à la partie supérieure du voile du palais, la langue est le siége unique du goût; mais toutes les parties de cet organe ne concourent point à l'exercice de ce sens.

6ᵉ *Epreuve.* — La langue étant recouverte d'un morceau de parchemin percé à son centre, de manière que l'ouverture corresponde au milieu de sa face dorsale, si l'on applique sur cette partie une conserve sucrée ou acide, on n'éprouve aucune sensation de goût, même en la pressant contre la voûte palatine, et la saveur ne se manifeste que lorsque la salive imprégnée arrive au bord de la langue. En répétant la même expérience sur la plus grande partie de sa face dorsale, on arrive au même résultat.

7ᵉ *Epreuve*.— Un corps sapide quelconque placé au-devant du frein de la langue, et comprimé par la face inférieure de cet organe, le laisse tout-à-fait insensible.

8ᵉ *Epreuve*. — Un stylet disposé comme le précédent, c'est-à-dire muni à son extrémité d'un fragment d'aloès ou bien d'une éponge imbibée de vinaigre, porté sur les diverses parties de la langue, nous a donné les résultats suivans :

Toute la face dorsale de la langue ne jouit point de la propriété de percevoir les saveurs ; seulement on rencontre cette propriété en approchant de la circonférence, dans une étendue d'une à deux lignes sur les côtés, de trois à quatre à la pointe, et tout-à-fait en arrière dans un espace situé au-delà d'une ligne courbe qui passerait par le trou borgne, et dont la concavité serait tournée en avant.

Les saveurs sont encore perçues plus vivement et d'une manière à peu près uniforme dans toute leur étendue par les bords latéraux de la langue, jusqu'à quelques lignes de leur extrémité antérieure. dater de ce point, l'impression des saveurs devient de plus en plus forte jusqu'à la pointe de la langue, où elle est à son maximum d'intensité.

Nous avons répété ces expériences un grand nombre de fois avec des substances variées et très-sapides, sans employer toutefois de corps dont l'action toute chimique ne porte point sur l'organe du goût. En conséquence nous concluons :

1° Que les lèvres, la partie interne des joues, la voûte palatine sont complètement étrangères à la perception des saveurs ;

2° Que le pharynx ne paraît point y participer;

3° Que le voile du palais n'y concourt que par une petite surface sans limites précises, alongée transversalement, commençant à peu près à une ligne au-dessous de son insertion à la voûte palatine, ne descendant point jusqu'à la base de la luette, dont elle est distante de trois ou quatre lignes, se prolongeant et se perdant insensiblement sur les côtés;

4° Que la langue ne jouit de cette propriété que dans sa partie postérieure et profonde, au-delà du trou borgne, et sur toute sa circonférence, dont la sensibilité s'étend un peu plus loin à sa face supérieure, surtout vers sa pointe, qu'à sa face inférieure;

5° Que la partie inférieure de la langue et toute sa face dorsale sont incapables de percevoir les saveurs.

Cependant, lorsqu'un corps sapide est introduit dans la cavité buccale, si l'on n'y fait pas une grande attention, l'impression semble perçue par toutes les parties indistinctement. Mais en analysant le phénomène avec plus de soin, on reconnaît une coïncidence, un concours d'action, qui rendent complètement raison de cette illusion. Ainsi le voisinage de la langue, la rapidité avec laquelle elle se glisse presque instinctivement entre les lèvres avancées pour déguster, ont dû nécessairement faire regarder ces organes comme destinés à pressentir les saveurs. La situation non moins favorable de la surface interne des joues relativement aux bords de la langue, leur contraction qui exprime sur ces bords le suc des alimens, et augmente par là l'intensité de la saveur, ont dû aussi leur faire attribuer une partie de la sensation. Enfin, la saveur des alimens semble doublée par leur pression contre la voûte palatine, parce qu'alors les sucs exprimés inondent de toutes parts la circonférence de la langue, et sont portés par un commencement de déglutition sur le point sensible du voile du palais. C'est aussi vers ce point que les gourmets maintiennent, par un mécanisme particulier, les liquides dont ils veulent apprécier la qualité.

Maintenant nous ferons remarquer que les parties destinées à percevoir les saveurs, les organes de la préhension, de la mastication et de la déglutition sont dans le rapport de situation le plus favorable à l'exercice de la fonction qui nous occupe. En effet, les corps, à peine humectés par le contact des lèvres, sont appréciés par l'extrémité de la langue : elle n'a point pour l'aider dans cette fonction les ressources que trouveront ses autres parties; aussi jouit-elle d'une extrême sensibilité. L'aliment introduit entre les arcades dentaires est écrasé par elles, et ses parties les plus ténues, mêlées à la salive, tombent sans cesse en dedans et en dehors de ces arcades; la première partie est immédiatement reçue par les bords de la langue, et entretient la sensation pendant tout le temps que dure la mastication : lorsqu'elle a cessé, la seconde est également rejetée sur ces bords par la contraction des joues, et vient produire une saveur analogue. Mais bientôt toutes les portions d'alimens réduites en pulpe, réunies sur la face dorsale de la langue, sont pressées contre la voûte palatine par cet organe, et les sucs exprimés vont encore se rendre naturellement sur ses bords.

Enfin le bol alimentaire, poussé vers l'arrière bouche, se trouve d'abord pressé par la partie sensible du voile du palais et glisse ensuite sur la base de la langue, où il produit une sensation très-vive, d'autant plus prononcée qu'il offre plus de mollesse et de points de contact, et où il laisse une impression plus ou moins durable, qu'augmente encore, comme on le sait, l'odeur qui dans la plupart des cas s'exhale des alimens.

Nous devons dire aussi que la face dorsale de la langue nous paraît être essentiellement destinée à la mastication : car, outre la part qu'elle y prend évidemment quand les alimens solides ont été ramollis suffisamment, elle remplit encore seule cette fonction lorsque les substances ingérées présentent peu de consistance. D'ailleurs la sensation du toucher y est bien moins distincte qu'à la surface de la peau, et son tissu ferme et résistant semble la rendre éminemment propre à une sorte de mastication.

L'anatomie comparée confirme encore cette idée; car il est des classes d'animaux où cette partie, couverte de dents, semble former, outre les deux lignes dentaires, une troisième ligne de mastication avec la voûte palatine. On pourrait même dire, en général, que cette ligne est d'autant plus prononcée que les deux autres le sont moins.

PARIS, IMPRIMERIE DE DECOURCHANT,
Rue d'Erfurth, n° 1, près de l'Abbaye.